# Layla

*im Reich des Schneekönigs*

Sämtliche Angaben in diesem Werk erfolgen trotz sorgfältiger Bearbeitung ohne Gewähr. Eine Haftung der Autoren bzw. Herausgeber und des Verlages ist ausgeschlossen.

**Italienische Originalausgabe: Layla nel regno del re delle nevi**

*www.erickson.it*
*www.erickson.international*

*www.studiobiquattro.it*

2. Auflage

Gesetzt aus der FreightText

Medieninhaber, Verleger und Herausgeber:
Red Bull Media House GmbH
Oberst-Lepperdinger-Straße 11–15
5071 Wals bei Salzburg, Österreich

Umschlaggestaltung und Satz: Benevento Publishing
Übersetzung: Ingrid Ickler

Printed by Neografia, Slovakia

ISBN 978-3-7112-0025-9

REINHOLD
MESSNER

# Layla
*im Reich des Schneekönigs*

Illustrationen von
Davide Panizza

BERG
WELTEN

Als ich ein kleines Mädchen war,
hat mich mein Papa Layla genannt.
Der Name bedeutet »auf dem Berggipfel«.

Papa war häufig auf Reisen und lebte oft monatelang im Reich des Schneekönigs. Wenn er zurückkam, erzählte er nur wenig. Das Wasser, die Luft und das Licht dort oben hatten ihn schweigen gelehrt oder alles vergessen lassen.

Das machte mich neugierig und eines Tages fragte ich ihn, ob ich mitdürfe. Wir stiegen in einen riesigen Metallvogel, hoben in den Himmel ab und flogen viele Stunden lang in ein weit entferntes unbekanntes Land. Danach mussten wir zu Fuß weitergehen.

Papa hatte mir vorher immer wieder gesagt, ich sollte mir das mit der Reise gut überlegen, erinnerte mich an die vielen schönen und angenehmen Dinge, die ich hatte: unser schönes Haus, mein weiches Bett, der Duft der blühenden Blumen im Garten, die Musik, mein Lieblingsessen, die vielen Spielsachen.

Dort oben war es gefährlich, man musste im Zelt wohnen und auf einer dünnen Matte schlafen. Man wurde vom heulenden Sturm geweckt, musste Trockennahrung essen und den Schnee schmelzen, um Wasser zu haben.
Ich wollte trotzdem dabei sein.

Wir sind viele Tage lang gewandert, vorbei an Feldern und Häusern. Abends bauten wir die Zelte auf und am Morgen bauten wir sie wieder ab. Wir lebten wie Nomaden.

In den Dörfern gab es keine Medikamente zu kaufen. Wenn die Leute krank wurden, aßen sie ein Pulver aus gemahlenen Steinen und Heilkräutern. Danach gingen sie auf und ab und warteten. Entweder wurden sie wieder gesund oder sie starben. Ich habe nirgends ein Krankenhaus gesehen, und auch keinen Arzt.

Entlang der Wege standen hohe Bäume, die uns Schatten spendeten. Manchmal ruhten wir uns dort kurz aus, manchmal blieben wir auch den ganzen Abend. Dann bedankten wir uns bei den Bäumen und gingen weiter.
Unterwegs habe ich gelernt, die einzelnen Gesteine voneinander zu unterscheiden, ein Feuer zu machen und die Geräusche von Schneehasen, Bergschafen und Yaks nachzuahmen.
Als wir immer weiter nach oben stiegen, schmolzen wir den Schnee, damit wir Wasser zum Trinken hatten.

Es dauerte nicht lange und ich wurde müde und wollte nicht mehr weitergehen. Da sagte Papa: »Layla, in das Reich des Schneekönigs geht man entweder ganz hinein oder man bleibt gleich draußen.«
Dann aber setzte er mich in seinen Rucksack und trug mich die steilen Hänge hinauf, durch tiefe Schluchten und entlang wilder Bäche, die weiß wie Milch waren. Ich schlief auf seinen Schultern, wachte auf, schaute mich um und schlief wieder ein. Es war noch wunderbarer als in meinen schönsten Träumen.

Wir hatten das letzte Dorf schon weit hinter uns gelassen, waren hoch über den Wäldern und Tieren. Plötzlich entdeckte ich in der Ferne Häuser. Aus einem Schornstein drang Rauch. Dort lebten Menschen! Ich traute meinen Augen kaum. Die winzigen Häuschen waren aus Stein gebaut und hatten Dächer aus Holz. Der eisige Wind pfiff durch die Ritzen und es gab keinen Platz, um Vorräte zu lagern.

Im Winter konnten die Menschen dort oben erfrieren oder verhungern, niemand hätte es bemerkt. Trotzdem, sie hatten keine Angst vor dem Tod, wie die Krähen, und sie blieben dort.

Weit unter uns ragten bewaldete Berge in die Höhe, die aussahen, als hätten sie schwarze Jacken an. Und über die Waldberge hinaus strebten die Riesen aus glitzerndem Eis – fast bis in den Himmel: »Die fünf Schätze des Schnees: Das Vergessen, das Geheimnis, das Handeln und das Wissen«, sagte mein Papa. Dort oben trug die Natur keinen wärmenden Pelz. Nur noch die Sonne – der fünfte Schatz – wachte am Himmel. Wie eine stumme Zeugin überragte sie alles.

Unsere Träger transportierten Holzbündel auf dem Rücken, um Feuer machen zu können, denn nachts wurde es so kalt, dass einem der Atem zu Eisnebel gefror.

Wir blieben eine lange Zeit dort zwischen den hohen Berggipfeln. »Kann ich hier tief schlafen?«, fragte ich Papa eines Tages. »Nein«, antwortete er, »im Reich des Schneekönigs ist der Schlaf so leicht wie der Schlaf der Vögel. Und das ist gut, denn im Halbschlaf zeigen sich die großen Geheimnisse.« Also schaute ich den Wolken zu, lauschte dem Knacken des Eises und atmete den Wind ein, um zu verstehen, von wo er kam.

Die Träger und die Köche wohnten in einer Hütte, die sie selbst aus Steinen gebaut hatten. Sie machten das, was Papa ihnen sagte.

Papa saß meistens wie verzaubert da und starrte auf einen bestimmten Gipfel. Ich fragte ihn nicht mehr, warum er ihn besteigen wollte, denn ich wusste die Antwort schon seit dem Moment, als wir im Reich des Schneekönigs angekommen waren.

Ich weiß nicht genau, wie lange wir dortgeblieben sind. Im Reich des Schneekönigs gab es keine Zeit, keinen Kalender und keine Uhren. Es gab nur die Sonne, die uns zeigte, ob es Tag war. Und wenn es schneite, blieben wir im Zelt.

Ich fühlte mich so mutig und leicht, dass ich mit dem Wasser des Wildbachs um die Wette rannte. Und ich sprang so hoch, dass ich glaubte, die durch die Luft fliegenden Vögel fangen zu können. Als ich einmal die Spuren eines Schneeleoparden am Boden bemerkte, rannte ich in die Küche, kauerte mich neben dem Feuer zusammen und hielt den Atem an.

Als Papa sich mit den Trägern auf den Weg nach ganz oben machte, sagte er: »Hier, im Reich des Schneekönigs, gibt es keine Fragen mehr. Aber wenn wir wieder unten im Tal sind, warum wollen wir dann tausend Antworten?« Ich wusste nicht, was ich sagen sollte, weil ich keine Fragen hatte. Der Gipfel war deutlich zu erkennen, so wie er vor mir oder ich vor ihm stand.

Papa und sein Freund blieben viele Tage und Nächte in der steilen Bergwand. Die Träger hatten sie nur das erste Stück begleitet. Ich konnte die beiden Männer höher und höher steigen sehen, Schritt für Schritt, bis sie nur noch winzige Punkte in der Ferne waren, ein blaues Glitzern an der Bergkante. Es schien, als würden sie sich langsam auflösen. Ich hatte keine Angst, weil ich wusste, dass mein Papa im Reich des Schneekönigs als Zauberer galt. Denn er konnte während des Aufstiegs alle anderen Gedanken ausblenden und sich auf das geheimnisvolle Ziel konzentrieren.

Der fast bis in den Himmel ragende Gipfel des Vergessens war von einem weißgrauen Mantel aus Eis überzogen. Bei Sonnenaufgang wirkte er blaugrün, am Mittag glänzte er strahlend weiß wie eine Hauswand, und abends glühte er, als würde er von tausend Kerzen beleuchtet über allem schweben.

Im Reich des Schneekönigs war es sogar tagsüber kalt, wenn die Sonne strahlte. Nachts verwandelte sich die Plane des Zelts in einen Eispanzer.

Inzwischen war Papa so weit oben, dass ich ihn nicht mehr sehen konnte. Aber als er oben auf dem Gipfel angekommen war, glaubte ich seine Stimme zu hören.

»Die Erkenntnis ist so unfassbar, dass niemand sie beschreiben, darüber sprechen oder sie anderen erklären kann. Deshalb glaube nur an dich selbst, und – im Reich des Schneekönigs – den Wolken.« Vielleicht war es auch nur der Wind, der so zu mir gesprochen hatte, oder die Angst, die in mir hochgekrochen war.

Als Papa wieder unten angekommen war, setzte er sich neben mich, wie verzaubert und tief in Gedanken versunken, überwältigt von dem, was er erlebt hatte. Diese Magie will ich selbst erleben. Niemand aber kann sie mir schenken, nur ich selbst kann lernen.

## Reinhold Messner

Geboren 1944 in Brixen (Südtirol), bestieg er seinen ersten Dreitausender mit fünf Jahren, zusammen mit seinem Vater. Nach einer kurzen Zeit als Lehrer, widmete er sich ab 1969 ganz dem Bergsteigen und unternahm mehr als hundert Expeditionen rund um die Welt, durchquerte die Antarktis, Grönland und die Wüste Gobi. Er ist der erste Mensch, der alle vierzehn Achttausender ohne Sauerstoffflasche bestiegen hat, dazu unzählige andere Gipfel. Nach seiner Zeit als Abgeordneter im Europaparlament (1999–2004) hat er sechs verschiedene Bergmuseumsprojekte ins Leben gerufen (MMM Juval, Firmian, Ortles, Ripa, Corones und Dolomites). Außerdem gründete er die Stiftung MMF, die das Leben der Bergvölker sichern soll. Bis jetzt hat er mehr als 50 Bücher geschrieben und ein Dutzend Filme gedreht.

Ich habe versucht in einer einfachen und klaren, für Kinder leicht verständlichen Sprache, über die Gefühle zu erzählen, die mich von klein auf begleitet haben:

- die Begeisterung für das Hochgebirge,

- die Suche nach der Schönheit und

- die Entdeckung der Stille und der Einsamkeit.

Ich wollte den Jüngsten die Werte von Völkern weitergeben, die an schwer erreichbaren Orten leben, fernab der Zivilisation und dem Komfort, nach dem heute alle streben.

Ich habe mit diesem Märchen auch versucht, die Aufmerksamkeit der Kinder darauf zu lenken, dass man auch in einer anderen Welt zufrieden und mit Freude leben kann. Wir müssen ihnen vermitteln, dass es wichtig ist, die Umwelt zu schützen und Respekt vor der Natur zu haben: Der Schlüssel zum Glück ist der Verzicht, nicht der Konsum. Ich wünsche und hoffe, dass es mir mit diesem Buch gelingt, die Neugier und die Träume meiner kleinen Leser anzuregen.

**Davide Panizza** wurde 1992 in Trient (Italien) geboren. Bereits als kleiner Junge begann er alles zu zeichnen, was ihm in seiner Umgebung auffiel. Er besuchte die Akademie der Schönen Künste in Urbino, seinen Master machte er an der MiMaster Illustrazione in Mailand, wo er auch seine Leidenschaft für die Kinderliteratur entdeckte. Heute lebt und arbeitet er als Grafiker für das Theater und als freier Illustrator in Trient. Mit seinem ersten Bilderbuch *Die Ballade von Benty Breight* (Lavieri edizioni, 2018) konnte er schließlich seine beiden großen Leidenschaften miteinander verbinden: Die Illustration und den Western. *Um circo diferente* führte ihn schließlich nach Brasilien (Callis editora, Sao Paulo, 2020).